ARBEITSGEMEINSCHAFT FÜR FORSCHUNG
DES LANDES NORDRHEIN-WESTFALEN

GEISTESWISSENSCHAFTEN

Sitzung
am 6. Juli 1960
in Düsseldorf

ARBEITSGEMEINSCHAFT FÜR FORSCHUNG
DES LANDES NORDRHEIN-WESTFALEN

GEISTESWISSENSCHAFTEN

HEFT 90

Ansprache des Ministerpräsidenten Dr. Franz Meyers

Pietro Quaroni

Die kulturelle Sendung Italiens

SPRINGER FACHMEDIEN WIESBADEN GMBH

ISBN 978-3-663-00267-3   ISBN 978-3-663-02180-3 (eBook)
DOI 10.1007/978-3-663-02180-3

© 1960 by Springer Fachmedien Wiesbaden
Ursprünglich erschienen bei Westdeutscher Verlag · Köln und Opladen 1960

Ansprache des Ministerpräsidenten Dr. Franz Meyers

Exzellenz, sehr geehrter Herr Botschafter,
meine sehr geehrten Damen und Herren!

Die Arbeitsgemeinschaft für Forschung des Landes Nordrhein-Westfalen rechnet es sich zur besonderen Ehre an, Sie, Exzellenz Quaroni, am heutigen Tage hier, im neuen Heim, begrüßen zu dürfen. Als Vorsitzender der Arbeitsgemeinschaft heiße ich Sie herzlich willkommen und danke Ihnen, daß Sie unserer Einladung so bereitwillig gefolgt sind. Wir begrüßen in Ihnen, Exzellenz, nicht nur den Botschafter eines Staates, mit dem die Bundesrepublik Deutschland durch vielfältige Bande der Freundschaft und Zusammenarbeit, auch im Bereich der europäischen Integration, verbunden ist; wir wissen darüber hinaus, daß wir in Ihnen eine Persönlichkeit willkommen heißen dürfen, die zugleich als Botschafter und als Mann des Geistes einen bedeutenden Beitrag zum kulturellen Leben Italiens in der Gegenwart geleistet hat. Diese heute so selten gewordene Verbindung politischer und wissenschaftlich-kultureller Wirksamkeit dünkt uns als schönes Zeichen und als Beweis dafür, daß im Italien der Gegenwart jene großen Traditionen europäischer Geistigkeit lebendig geblieben sind, die Ihrem Vaterlande durch die Jahrhunderte hindurch die Achtung und Wertschätzung der europäischen Völkergemeinschaft gesichert haben. Gerade diese Verbindung von Politik und Kultur ist es aber auch, die sich die Arbeitsgemeinschaft für Forschung des Landes Nordrhein-Westfalen als Ziel gesetzt hat. Sie soll eine Begegnungsstätte der führenden Männer der Wissenschaft unseres Landes mit den Männern sein, die in der politischen Verantwortung für das Land Nordrhein-Westfalen stehen. Diese große Aufgabe hat die Arbeitsgemeinschaft im eben verflossenen ersten Jahrzehnt ihres Wirkens als oberstes Ziel stets im Auge behalten. Und wir dürfen nach den Erfahrungen, welche wir in dieser Zeit gesammelt haben, die Hoffnung hegen, daß dieser Gedanke der Begegnung von Wissenschaft und Politik bei uns Wurzeln geschlagen hat und sich weiter günstig und stetig entwickeln wird.

Vor allem aber bitten wir Sie, Exzellenz, in dieser Begegnung den Ausdruck der Freundschaft und Bewunderung zu sehen, welche das deutsche Volk für Italien empfindet. Ich möchte meinen, daß es zwischen zwei Völkern nur sehr selten eine Beziehung gibt, die jenseits aller politischen und wirtschaftlichen Zweckmäßigkeiten und Notwendigkeiten zutiefst aus einem natürlichen, unkomplizierten und vorwiegend der Empfindung entspringenden Gefühl hervorgeht. Und gerade die Entwicklung der modernen Staatengeschichte hat beklagenswerterweise die Beziehungen zwischen Völkern und Staaten nur allzusehr aus dem Bereich dieses natürlichen Gefühls in denjenigen des ökonomischen und politischen Kalküls verschoben. Mit um so größerer Befriedigung, ja Dankbarkeit kann ich demgegenüber feststellen, daß die Gefühle der Deutschen für Italien und die Italiener jenseits solcher Erwägungen ihren Ursprung haben. Ich will in diesem erlauchten Kreise nicht die Italiensehnsucht der Deutschen beschwören, wie sie etwa aus den Ziffern der modernen Sozialtouristik ebenso unschwer zu belegen wäre wie aus der Tatsache, daß wohl kaum in einem anderen Land so viele Lieder über Italien geschrieben, gespielt, gehört und gesungen werden wie in Deutschland. Das alles ist eine freundliche, aber letzten Endes vordergründige und jedenfalls nicht entscheidende Seite des deutschen Verhältnisses zu Italien. Viel wichtiger ist die Tatsache, daß, wie wir ohne Übertreibung sagen dürfen, die deutsche Kultur schlechthin und ohne Ausnahme ohne ihre Beziehung zu Italien und seinem geistig-kulturellen Leben zumindest nicht in *der* Form denkbar wäre, wie sie heute vor uns steht. Es gibt nur wenige deutsche Maler und Dichter, Bildhauer und Philosophen, die nicht in Italien gewesen sind; im Gegenteil: bei den meisten von ihnen ist die Epoche ihres Aufenthaltes in Italien und ihre Begegnung mit seiner Kultur die Epoche der Reife, des Durchbruchs zur eigenen Persönlichkeit und unvergänglichen Leistung gewesen.

Es wäre vermessen, wollte ich in diesen wenigen Grußworten den Gründen dafür nachgehen, daß die deutsche Kultur in so enger Wechselbeziehung zu Italien und seinem geistig-kulturellen Leben gestanden und daß Ihr Vaterland, Exzellenz, gerade den geistigen deutschen Menschen durch alle Jahrhunderte hindurch fast magisch angezogen hat und anzieht. Zu diesen Gründen gehört sicherlich die Schönheit Ihres Landes, sein unvergleichlicher Reichtum an Zeugnissen der Kultur, wie er anderswo in dieser Fülle kaum zu sehen ist, nicht zuletzt aber auch die Sehnsucht der Deutschen nach Licht und Wärme und nach dem Sinn Ihres Volkes für Maß und Form in allen Äußerungen menschlichen Denkens und Handelns. Sicherlich ist gerade diese

Exzellenz Dr. Pietro Quaroni
mit Ministerpräsident Dr. Franz Meyers und Staatssekretär Brandt

Vorstellung mitgeprägt von der Epoche der deutschen Klassik, deren bedeutendste Vertreter Winkelmanns These von der „erhabenen Einfalt und stillen Größe" klassischer Kunst allzu schnell auf alle Lebensäußerungen Ihres Volkes übertragen haben. Aber wenn auch hier ein freundlicher Irrtum des deutschen Urteils über Italien, sein Land und sein Volk, sichtbar wird – es scheint mir einer jener liebenswerten Irrtümer zu sein, die ebenso unschädlich wie dort leicht zu korrigieren sind, wo dies notwendig ist. Gemessen gar an dem Segen, der aus der Begegnung deutscher und italienischer Geistigkeit für Deutschland gekommen ist, ist dieser Irrtum sogar unbeachtlich; denn er hat der deutschen Kultur unverlierbare Züge aufgeprägt, die wir um so weniger missen möchten, als uns das Streben nach Form und Maß in den Dingen des Lebens oft so schwerfällt.

So bin ich denn sicher, daß Ihre Ausführungen, Exzellenz, uns in dankenswerter Weise dabei behilflich sein werden, das geistige Gesicht des Italien der Gegenwart klarer und besser zu erkennen und damit zugleich helfen werden, die geistig-kulturellen Beziehungen zwischen unseren beiden Ländern in ihrer vollen Bedeutung für die Gegenwart zu würdigen. Seien Sie gewiß, daß Sie in uns allen dankbare und aufmerksame Zuhörer finden werden; daß heute zum ersten Male auch die verehrten Damen der Mitglieder unserer Arbeitsgemeinschaft an einer solchen Veranstaltung teilnehmen, erfüllt mich gerade bei diesem Anlaß mit besonderer Freude.

Ich bitte Sie, Exzellenz, nunmehr das Wort zu nehmen.

Die kulturelle Sendung Italiens

Von Se. Exzellenz Dr. *Pietro Quaroni*
Italienischer Botschafter

Kann man noch heute von der kulturellen Sendung einer einzigen Nation sprechen? Wenn wir heute noch an die Trümmer und das Chaos des Jahres 1945 zurückdenken, müssen wir doch erkennen, daß der Urheber der Katastrophe, die über Europa und über unsere Zivilisation durch zwei törichte und unnütze Kriege während einer einzigen Generation hereingebrochen ist, der Nationalismus gewesen ist.

Aber nicht der Nationalismus allein. Nach Überwindung der Türkengefahr, der letzten Gefahr bis auf die jetzige, die Europa aus Asien bedroht hat, befand sich Europa als Kontinent und als Zivilisation beinahe drei Jahrhunderte lang in der seltsamen Lage, keinen Konkurrenten mehr in der Welt zu haben. Keine Zivilisation, die mit der unsrigen konkurrieren konnte – alle anderen existierenden Zivilisationen, die islamische, die indische, die chinesische, waren in einem defensiven Konservativismus erstarrt.

Und auch keine militärische Macht, die mit der europäischen hätte konkurrieren können. So daß Europa sich erlauben konnte, fast drei Jahrhunderte lang die Welt zu erobern und gleichzeitig endlose innereuropäische Kriege zu führen.

Das konnte nicht ewig dauern: nichts kann ewig dauern. Zwei neue Machtzentren waren im Entstehen: die Vereinigten Staaten von Amerika und Rußland: damals war Rußland – vor dem ersten Weltkrieg – noch nicht zum Anti-Europa geworden: aber zwei mächtige nichteuropäische Konkurrenten für die Weltherrschaft waren doch damit entstanden.

Die farbigen Länder von Asien fangen an sich zu rühren. Die Schlacht von Plassey, die den Engländern die Herrschaft über Indien gebracht hat, gewann Clive mit dem Verlust von drei Toten und 14 Verwundeten. Und er hatte dreitausend Soldaten, von denen zweitausend europäisch geschulte Inder und nur tausend Engländer waren: der Nawab von Bengal verfügte über 75 000 Soldaten. Etwas ähnliches könnte sich nicht mehr wiederholen.

Jetzt wissen wir, daß dies alles schon lange vor dem ersten Weltkrieg angefangen hatte: aber die Leute von damals hatten das nicht bemerkt und nicht verstanden. Und dieser Herausforderung an die europäische Weltherrschaft entsprach von europäischer Seite eine wahnsinnige Entwicklung des Nationalismus, die die innereuropäischen Konflikte in einem Moment verschärfte, als im Gegenteil nur eine innere Verständigung die Vorherrschaft Europas hätte etwas verlängern können. Es ist dieser blinde Nationalismus, der uns für die Gefahren, denen wir ausgesetzt sind, blind gemacht hat.

Aber das ist nur die Einsicht nach der Katastrophe: was geschehen ist, ist geschehen und ist nicht wieder gutzumachen.

Ist es der Nationalismus gewesen, der die Geschichte beeinflußt hat, oder tragen die Historiker für die Entwicklung dieses Nationalismus einen großen Teil der Verantwortung? Diese nationalistische Auffassung spiegelt sich auch in der Kulturgeschichte wider. Man hat lange in Italien oder Frankreich oder Deutschland von dem Vorrang seines Landes in der Kulturentwicklung des europäischen Kontinents gesprochen. Heute ist glücklicherweise eine Überwindung dieser ultranationalistischen Phase der Geschichte im Gange. Ein jeder von uns ist natürlich auf die geschichtliche und kulturgeschichtliche Rolle stolz, die sein Volk und sein Vaterland in der Vergangenheit gespielt haben; das ist nur ein gesundes Nationalgefühl, ganz anders als der Nationalismus. Aber jetzt, da wir die Geschichte Europas tiefer, weitblickender studieren können, ist es schon viel besser möglich, von der Einigkeit der europäischen Kultur und Zivilisation zu sprechen. Die verschiedenen Völker Europas, besonders die, die man vielleicht als die Kernvölker bezeichnen könnte, haben ihre eigene, scharf ausgeprägte Charakteristik, und hatten sie wahrscheinlich noch mehr in der Vergangenheit. Aber über diese volksnationalen Charakteristiken hinaus gibt es eine fundamentale Einheit. Das begreift man besser, wenn man Europa von einem anderen Kontinent aus betrachtet: solange wir Europäer untereinander leben, treten die Unterschiede hervor; begegnen wir uns in einem anderen Kontinent, dann tritt alles hervor, was uns gemeinsam ist, so daß, wenn wir von einer kulturellen Sendung Italiens sprechen, man gewisse Dinge vereinfachen muß. Es gibt kein Gebiet und keine Periode der europäischen Kultur, wo Italien, Deutschland, Frankreich, England oder Spanien – um nur die wichtigsten euopäischen Völker zu nennen – ausschließlich schöpferisch gewirkt haben. Unsere europäische Kultur ist wie ein mächtiger Strom, in den aus allen Richtungen Gewässer zusammengeflossen sind. Jedes Volk, auch das kleinste, hat seinen Beitrag geleistet, so daß es geschichtlich exakter wäre, nur zu sagen, daß auf diesem oder jenem Gebiet wahrscheinlich Italien oder Deutschland mehr geleistet haben zu einem gewissen Zeitpunkt als ein anderes Land; oder daß eine lange, verborgene, vorbereitete Arbeit, an der viele teilgenommen hatten, plötzlich hier oder da in Erscheinung tritt.

In einem gewissen Moment – denn das ist eine der Charakteristiken der europäischen Kulturgemeinschaft – wird das belebende Feuer der Kultur – wie bei der olympischen Flamme – von Hand zu Hand weitergereicht. Es kommt nur selten vor, daß dieser oder jener Kulturzweig gleichzeitig bei mehreren europäischen Völkern seinen Gipfelpunkt erreicht: einmal ist es Frankreich, einmal Deutschland, ein anderes Mal die Niederlande, die uns auf dem Kulturgebiet als führend erscheinen. Die Blüte einer Kultur oder eines Kulturzweiges ist auch kein Wunder – die Wundertheorie haben wir seit langem überwunden – eine jede Erscheinung, die plötzlich aus dem Nichts aufzutauchen scheint, ist das Ergebnis einer langen, lautlosen Vorbereitung, und eben an dieser Vorbereitung haben alle europäischen Völker mitgewirkt.

Die Geschichte ist zweifellos eine Wissenschaft und die Kulturgeschichte auch; aber sie ist eine eigenartige Wissenschaft, in dem Sinne, daß das Wissenschaftliche sich eigentlich auf die Erforschung von Tatsachen begrenzt. Die Interpretation der Tatsachen ist viel eher persönlicher Art: Die Person des Historikers behauptet sich in dieser Interpretation, die den Tatsachen einen lebendigen Zusammenhang gibt. Das gilt auch für die Ereignisse der entfernten Vergangenheit: Die Gracchen-Periode der römischen Geschichte sieht ganz verschieden aus, wenn sie von einem konservativen oder von einem progressiven Historiker geschildert wird. Und wenn derjenige, der diese Synthese versucht, kein eigentlicher Historiker ist – und das ist der Fall bei mir –, dann ist die Interpretation noch persönlicher. Als Diplomat mußte ich mich natürlich mit der Geschichte beschäftigen. Man hat doch gesagt, daß die Geschichte die Lehrerin des Lebens ist – magistra vitae. Ein englischer Historiker, ein wenig Pessimist wahrscheinlich, hat gesagt, daß das einzige, was man aus der Geschichte erlernen könne, das sei, daß man nichts aus ihr lernt. Obwohl ich von dieser pessimistischen Auffassung nicht gänzlich entfernt bin, habe ich mich doch ein wenig für die Geschichte interessiert, und das ist alles. Darum erhebe ich keinen Anspruch auf wissenschaftliche Richtigkeit meiner Auslegung.

Ich glaube nicht, ultranationalistisch gesinnt zu sein, wenn ich sage, daß mein Land und mein Volk in der Kulturentwicklung Europas ihre Rolle gespielt haben. Auch hier handelt es sich um kein Wunder, um keine außerordentliche Begabung der Italiener. Es sind meistens gewisse Umstände, die zu verschiedenen Momenten der Entwicklung des Kulturlebens unseres Kontinents Italien mehr als andere europäische Völker begünstigt haben. Eines kann man jedoch sagen: die Kultur hat in Italien mehr eine vaterländische Rolle gespielt als bei anderen Vökern.

Seit dem Verfall des römischen Reiches, bis zur zweiten Hälfte des vorigen Jahrhunderts, hat Italien als Staat nicht existiert. Es ist auch nicht möglich zu behaupten, daß eine Auffassung der italienischen Einheit – im wahrsten Sinne des Wortes – bis zum 18. Jahrhundert im Bewußtsein der Italiener wirklich existiert hat. Aber kulturell ist Italien, auch im tiefsten Mittelalter, auch in der Zeit seiner größten Zerstückelung, eine Einheit geblieben. Der Mythos Roms, dessen Größe bei dem Italiener immer ein wehmütiges Gefühl von Stolz und Trost erweckte, ist nicht nur politisch, sondern besonders kulturell lebendig geblieben. Die lateinische Sprache, die lateinische Kultur, waren für Italien – und sind es noch heute – irgendwie wie seine eigene Kultur: die Latinität war unser Adelsbrief. In den unglücklichsten Momenten der tiefsten politischen Erniedrigung haben Italiener ihren Trost in dem Bewußtsein gefunden, ein Bindeglied zwischen der ewigen Tradition Roms und der Latinität zu bleiben: die anderen mochten viel mächtiger sein, sie blieben doch die Barbaren. Dieser historische und kulturelle Stolz ist für anderthalb Jahrtausende das, was den Italienern eine geistige Einheit gegeben hat.

Was hat Italien Europa gegeben? Vor allem, meiner Meinung nach, die Organisation der Katholischen Kirche. Der ethische und theologische Inhalt des Katholizismus ist sicher nicht das Werk der Italiener allein, sondern ein kollektives Werk, und so etwas läßt sich nicht leicht nationalweise verteilen. Aber die staatliche Organisation der Kirche, möchte ich sagen, ist das Werk Italiens und Roms. Jahrhundertelang, als das alte, herkömmliche Gefüge des Römischen Reiches in Trümmern lag, hat eine kleine Gruppe von Klerikern sich um den Bischof von Rom gesammelt, langsam, hartnäckig, aber beständig, diese Organisation der Kirche aufgebaut und verteidigt, und mit dieser kirchlichen Organisation, unbewußt vielleicht, auch die Idee des römischen Rechts und des Staates für die westliche Welt aufbewahrt. Wenn diese Tradition der Organisation des Staates und des Rechts in Italien lebendiger geblieben ist als in anderen Teilen Europas des Mittelalters, so hängt das von den engeren Beziehungen Roms zu Byzanz ab.

Man könnte Byzanz das vergessene oder das verleumdete Kaiserreich nennen. Jahrhundertelang hatte man Byzanz nur als fortgesetzte Dekadenz betrachtet. Erst in verhältnismäßig jüngster Zeit hat man sich Rechenschaft gegeben, daß ein Staatswesen, das mehr als tausend Jahre überlebt hat, keine beständige Dekadenz sein konnte. Man hat jetzt die Rolle Byzanz' als Staudamm gegen den Osten erfaßt, der dem jungen barbarischen Westeuropa die Möglichkeit gegeben hat, sich aus seinem Chaos emporzuarbeiten, ohne von den östlichen Angreifern überrumpelt zu werden. Das Abendland ist nicht nur und auch nicht hauptsächlich von der Offensive der Araber bei der Schlacht von Poitiers gerettet worden, sondern eher und zweimal unter den Mauern von Konstantinopel. Es sind neue Auffassungen, die nur langsam durchdringen, weil sie zuweilen einige von unseren heißgeliebten Mythen zum Teil zerstören. Das Bündnis der italienischen Kommunen gegen Kaiser Friedrich Barbarossa und die Schlacht von Legnano waren für lange Zeit ein romantischer Meilenstein der italienischen Geschichte sowie ein Beweis der ewigen Freiheitsliebe der Italiener. Heute, wo man weiß, daß diese Explosion der Freiheitsliebe von der byzantinischen Diplomatie organisiert und unterstützt war, sieht alles etwas anders aus. Aber Mythos ist Mythos, und Wahrheit ist Wahrheit.

Byzanz hat Italien nie völlig verlassen: Ravenna mit seinem Exarchen war mehr als ein Wachtposten von Byzanz in Italien. Und Ravenna war nicht allein. Vor allem Venedig. Wie aus einem kleinen Haufen Flüchtlingen, die sich vor den Hunnen auf die Inseln der Adriaküste in Sicherheit bringen wollten, die mächtige Herrscherin entstanden ist, galt lange Zeit als ein historisches Rätsel. Nun, das Rätsel ist kein Rätsel mehr, wenn man bedenkt, daß Venedig, wenigstens in den ersten Jahrhunderten seines Bestehens, nur ein Bestandteil des Byzantinischen Reiches war: ein Kalkutta oder Schanghai von Byzanz im Westen, wenn Sie wollen. Aber auch Rom hat sich erst Ende des 8. Jahrhunderts gänzlich von Byzanz losgelöst: und es wäre wahrscheinlich exakter zu sagen, daß Byzanz Rom verlassen hat. Nicht nur, daß ein Vertreter des oströmischen Kaisers in den verödeten Räumen des Palatins wohnte, bestanden auch engere kulturelle und politische Beziehungen. Das römische Reich als Staat, in der nach der Reform von Diokletian angenommenen Form, hat in Byzanz weitergelebt, sich entwickelt, sich den wechselnden Umständen angepaßt. Venedig, Ravenna, Rom, Süditalien beinahe als Ganzes, die in ständiger politischer und ökonomischer Berührung mit Byzanz standen, haben sich dieser Staats- und Rechtstradition nicht entziehen können. Daher ist es kein Wunder, daß der erste moderne Staat in Italien entstanden ist, und eben in Süditalien. Ein interessantes Ergebnis der Zusammenarbeit verschiedener Völker war der erste moderne Staat, der erste moderne Herrscher Europas, unser gemeinsamer Kaiser Friedrich II. von Hohenstaufen.

Was ist der moderne Staat? Er ist nicht leicht zu definieren: wir wissen wahrscheinlich besser, was ein nicht moderner Staat ist: ein Staat, in dem keine Zentralgewalt existiert, in dem keine Organisation zur Transmission der Beschlüsse der Zentralregierung zur Verfügung steht, ein Staat, in dem die Macht das Recht ersetzt. Der moderne Staat ist eigentlich der Rechtsstaat. Das römische Reich war ein Rechtsstaat: Byzanz war ein Rechtsstaat: es gab ohne Zweifel eine Masse von Entartungen und Exzessen, aber diese waren als solche gefühlt und gebrandmarkt, gerade weil die Idee des Rechtsstaats so lebendig war. Die sogenannten barbarischen Königreiche, die Nachkommen des römischen Reiches, waren keine Rechtsstaaten. Der moderne Rechtsstaat, eine Monarchie, die die Wurzeln ihrer Macht in den Gesetzen und nicht mehr in der religiösen Salbung des Königs fand, ist, wie gesagt, in Sizilien, von Friedrich II. geschaffen worden: In Bologna ist das römische Recht wiedererstanden. Das römische Recht. Auch hier wäre es korrekter zu sagen das byzantinische Recht, denn das, was wir das römische Recht nennen, ist eher dieser Extrakt der fast jahrtausendealten römischen juridischen Tradition, die von Kaiser Justinian geordnet wurde. Kaiser Justinian war im gewissen Sinn der letzte römische Kaiser; aber er war auch byzantinischer Kaiser, und sein römisches Recht ist das Recht des Kaiserreichs, das Fundament des Staates und das Fundament der Souveränität des Staates. Als die Könige Europas anfingen, sich aus dem Chaos des sogenannten finsteren Mittelalters, der verwirrten Beziehungen zwischen Kirche und Staat, Feudalherrschaft und Zentralgewalt zu erheben, hat eine Reihe von Juristen, hartnäckig und geduldsam, Stück um Stück, um die Krone die neue königliche Gewalt aufgebaut, die sich allmählich und hartnäckig als Staatsrecht behauptete. Die Grundsätze der Rechte des Königs und des Staatswesens hat das römische Recht von Justinian geliefert. Und dieses Recht ist im Abendland in Bologna wieder lebendig geworden. Nicht alle Glossatoren waren Italiener; von vielen, und von den größten wissen wir noch nicht mit Sicherheit, welcher Nationalität sie angehörten.

Kann man sagen, daß auch die Idee der demokratischen Freiheit, der modernen Auffassung der Freiheit, zuerst in Italien wiedererstanden ist?

Die moderne Freiheitsidee stammt aus zwei Urquellen: der freiheitlichen Tradition der germanischen Krieger, und der Tradition der antiken hellenischen freien Stadt, die auch die Tradition der römischen Republik gewesen war. Eine eigenartige Verschmelzung der beiden Traditionen finden wir in der italienischen Kommune des Mittelalters. Eine vollkommen andere Auffassung der Gesellschaft, die im scharfen Gegensatz zur staatlichen Organisation der Kirche und zur Feudalität entstanden ist, und die im Kampf gegen die neue Macht des Staates auf dem römischen Recht gestützt endlich untergegangen ist.

Die Kommune an sich stellt sich uns vor wie die natürliche Entwicklung einer staats-gesellschaftlichen Form zur Behauptung und Verteidigung der Interessen des bürgerlichen Elements, das im Wiederaufleben des Handels, und besonders des Seehandels, seine Entfaltungsmöglichkeit gefunden hat. Im gewissen Sinn kann man vielleicht sagen, daß Venedig die erste mittelalterliche Kommune gewesen ist. Hat sich diese neue kommunale Verfassung, die in Italien entstanden ist, dann über ganz Europa verbreitet oder haben ähnliche Umstände ähnliche Konsequenzen mit sich gebracht? Hat der alteuropäische Bürger, der in seinem Hause regiert und zugleich Krieger ist, erst in Italien seine komplette Formulierung gefunden, die als Beispiel für andere gewirkt hat? Das ist sehr schwer zu behaupten, aber ebenso schwer zu verneinen.

Tatsache bleibt, daß diese erneuerte Form der städtischen Freiheit in Italien ihren Anfang und ihre Blüte gefunden hat; aber leider hat auch in Italien der interne Zerfall und der Untergang der freien Stadt angefangen: ein gefährlicher Weg, der von der Freiheit und der Demokratie zur Demagogie geführt hat, und durch die Demagogie zum Verlust der Freiheit.

In Italien hat man, als erste, die Theorie des Gleichgewichts als Grundsatz des politischen Zusammenlebens verschiedener Staaten formuliert. Es ist nicht ganz richtig, wenn man behauptet, die Diplomatie sei in Italien geboren worden. Diplomatie als Kunst der Beziehungen zwischen souveränen Staaten ist so alt wie die Menschheit. Diplomatie existiert aber nur, wenn die Beziehungen zwischen souveränen Staaten sich in dem Rahmen einer gewissen höheren Ordnungsidee entwickeln, die allein die Möglichkeit einer kontinuierlichen Politik ergibt, wenn sie nicht nur auf einen Gelegenheitserfolg hinzielen, sondern wenn sie versuchen, etwas Beständiges zu errichten. Diplomatie im vollen Sinne des Wortes ist nur möglich im Rahmen eines Gleichgewichts der Macht: darum hat Diplomatie nur erst ihre Form gefunden, wenn die Theorie des Gleichgewichts klar formuliert und klar verstanden ist. Was ist eigentlich die Theorie des Gleichgewichts? Es ist, nicht zu erlauben, daß ein Staat so groß anwachse, daß er eine Gefahr für seine Nachbarn werden kann, daß kein Staat es wirklich wagen kann, eine absolute Herrschaft über den andern anzustreben. Dieses Gleichgewicht der Macht ist eigentlich das beste, was der menschliche Verstand noch erfinden konnte, um dem Chaos der internationalen Willkür irgendeine Grenze zu setzen, und es ist noch heute das einzig wirksame Mittel, den Frieden zu bewahren. Wenn ein Gleichgewicht der Macht existiert, kann man auch in Frieden leben. Wenn das Gleichgewicht zugunsten der einen oder der anderen Macht zerstört ist, dann ist der Frieden nicht mehr sicher und auch nicht möglich.

Eine Tendenz zur Einigung Italiens hat immer existiert, keine volksnationale Tendenz natürlich wie in unseren Zeiten. Man könnte eher sagen, daß jeder italienische Fürst, wenn er anfing, sich mächtig zu fühlen, davon geträumt habe, seine Autorität auf ganz Italien auszudehnen. Ein entscheidendes Hindernis auf dem Weg dieser Ausdehnung einer Macht über ganz Italien war zweifellos das Papsttum. Das Papsttum wollte bei sich zu Haus keine starke weltliche Macht haben, die seine Autorität untergraben und seine Bewegungsmöglichkeit begrenzen könnte. So war die römische Kurie, ohne Zweifel, das Zentrum der verschiedenen politischen Kombinationen, die den Bestrebungen der einen oder der anderen italienischen Staaten zur allitalienischen Herrschaft Einhalt geboten hat. Die päpstliche Politik hätte jedoch keinen Erfolg haben können ohne das schon stark entwickelte staatliche Gefühl der anderen italienischen, sowohl größeren wie kleineren, Mächte, die sich weigerten, sich in einem italienischen Königreich verschmelzen zu lassen. Ihre Vollkommenheit erreichte diese Politik des Gleichgewichts wahrscheinlich unter Lorenzo di Medici, genannt der Prächtige. Politisch hat er Italien fast eine Generation lang Frieden gegeben; dann fingen die italienischen Staaten an, in das politische Spiel ihrer Machtrivalitäten die großen europäischen Königreiche hineinzuziehen, und somit wurde der Selbständigkeit der italienischen Staaten ein Ende gemacht. Erinnert das nicht ein wenig an unsere inneren europäischen Streitigkeiten?

Aber diese Doktrin, oder besser, diese Theorie des Gleichgewichts der Macht ist von Italien aus in die europäische Politik übergegangen und hat die Geschichte Europas bis beinahe in unsere Zeit beherrscht. Und wenn die Historiker der Zukunft vielleicht werden sagen können, daß das 19. Jahrhundert, bis zu Anfang des ersten Weltkrieges, den Gipfel der europäischen Machtstellung in der ganzen Welt darstellt, werden sie wahrscheinlich auch sagen, daß es das Jahrhundert war, in dem die Politik des Gleichgewichts der Macht ihrer Realisierung am nächsten gekommen ist.

Daß zur Zeit der Renaissance Italien für beinahe ein Jahrhundert das Zentrum der Kultur und Zivilisation Europas gewesen ist, das weiß ein jeder. Weniger verständlich ist, warum diese weitgehende Kulturexplosion, die man die Renaissance nennt, in Italien stattgefunden hat und nicht anderswo. Die historischen Auffassungen, die ein wenig zum Materialismus neigen, lauten, daß das daran lag, weil Italien damals das ökonomisch entwickeltste Land Europas war.

Der Handel hat eigentlich immer existiert. Völlige Autarkie ist nie möglich gewesen, auch nicht in den primitivsten Zeiten. Etwas einzutauschen, um etwas zu bekommen, was man nicht zu Hause erzeugen kann, entspricht der inneren menschlichen Natur. Aber Kleinhandel und Großhandel, nationaler und internationaler Handel sind nicht dieselben Sachen. Großhandel und internationaler Handel waren zweifellos in Italien lebhafter als in den anderen westeuropäischen Ländern, wenigstens in der Zeit des Mittelalters. Und hier noch einmal Byzanz. Nachdem sich Byzanz langsam von seinem Zerfall aus den Jahrhunderten unmittelbar nach der Völkerwanderung erholt hatte, entwickelte es sich zu dem mächtigsten Handels- und Industriezentrum des Mittelmeerraums. Der Mittelmeer-Handel: ein Luxushandel. Könige, Bischöfe und feudale Herren wollten reiche Gewebe für ihre Kleider, Elfenbein und Juwelen für ihre Kirchen und ihre Frauen. Ohne Gewürze kann man sich mittelalterliche Küche und Medizin nicht vorstellen. Das alles konnte man nur aus Byzanz haben, eigene Produktion oder Vermittlerstelle. Aber alle diese Waren mußte man bezahlen: Gold gab es wenig im Westen: man sollte mit der eigenen Produktion bezahlen. Es ist dieses Verlangen nach diesen Luxuswaren aus Byzanz und aus dem Osten, das den Produktionsbestrebungen Westeuropas einen neuen Stimulus gegeben hat. Byzanz war damals sehr fern: man brauchte Vermittler. Und noch einmal spielt Venedig eine Rolle, und nach Venedig nacheinander andere italienische Städte, zwischen Byzanz und Westeuropa.

Nicht nur Byzanz, auch die Araber: Araber haben Sizilien erobert und ein paar Jahrhunderte lang gehalten. Es war dies, man darf es nicht vergessen, wahrscheinlich die höchste Periode der ökonomischen Entwicklung Siziliens; auch die Macht- und Staatsidee Friedrichs des II. hat sich auf die ökonomische Blüte des ehemaligen muselmanischen Siziliens gestützt. Auch für den Verkehr mit der arabischen Welt war die geographische Lage Italiens besonders günstig.

Die politische Vereinigung Asiens, von Südrußland bis Peking, die das mongolische Reich von Dschingis Chan zustande gebracht hat, hat in Asien einen kolossalen ökonomischen Boom herausgefordert, dessen Bedeutung wir erst in den letzen Jahrzehnten zu erkennen angefangen haben. Italien hatte damals die beste Bank-, Handels- und Industrieorganisation in Europa. Auch die Idee der Bank ist sehr alt: unser ganz modern scheinendes Wort

Scheck geht auf eine sumerische Wurzel zurück und die Idee auch. Aber erst als Fra Luca Pacioli die doppelte Buchführung erfand oder kodifizierte, ist das moderne Bank- und Handelswesen entstanden. Darum war es selbstverständlich, daß Italien dieses ökonomische Boom mehr oder besser hat ausnützen können als die anderen Staaten Europas. Dschingis Chan als Urheber der italienischen Renaissance wäre ohne Zweifel eine interessante wenn auch nicht vollkommen paradoxale Vorstellung. Italien war in dieser Periode ein sehr wichtiger, ja fast exklusiver Vermittlungspunkt zwischen Ost und West, zwischen Nord und Süd des Mittelmeers: und der Mittelmeerhandel war noch damals das wichtigste. Da wir keine Marxisten sind, sind materielle Umstände nicht genug, um die Renaissance zu erklären. Es ist wahrscheinlich wahr, daß eine wirkliche Kultur und Zivilisation in einer Periode der tiefen, ökonomischen Depression und Misere nicht leicht stattfinden kann. Aber daß es nicht genug ist, reich und höchst entwickelt zu sein, im wirtschaftlichen Sinne, um auch wirklich eine blühende Kultur zu haben, das wissen wir ja alle auch aus immediater Erfahrung.

Was ist eigentlich die Renaissance? Es ist nicht nur dieses plötzliche Aufblühen neuer und verschiedener Kunsterscheinungen: das ist das augenfälligste; wahrscheinlich aber ist es mehr Folge als Urache. Die Renaissance ist die Befreiung des menschlichen Geistes, die Entfaltung aller schöpferischen Kräfte des menschlichen Verstandes, der Jahrhunderte hindurch auf verschiedene Art und Weise irgendwie gehemmt und gebunden war. Man könnte vielleicht auch sagen, daß der Zerfall der antiken Kultur und Zivilisation mit der allmählichen Behauptung der Philosophie von Aristoteles Schritt gehalten hat; ipse dixit – was er gesagt hatte, war absolute Wahrheit; es zu diskutieren wagte keiner. Die Befreiung des westlichen Geistes hat an dem Tage angefangen, als zum ersten Mal jemand gesagt hat: Aristoteles hat sich doch geirrt.

Man könnte vielleicht eine interessante Parallele ziehen zwischen dem Kult von Aristoteles und dem von Karl Marx. Unsere fernen Urahnen glaubten fest, daß mit Aristoteles der menschliche Verstand sein Letztes gesagt hatte. Man konnte noch die Aristotelische Doktrin gut oder schlecht interpretieren, etwas Neues zu erfinden war aber unmöglich. So etwas ähnliches denken die Kommunisten: Mit Karl Marx hat die menschliche Philosophie ihren höchstmöglichen Gipfel erreicht: es ist ihr Schlußwort, weiter geht es nicht, man kann interpretieren, man muß interpretieren, aber nur interpretieren. So daß, sollte der Kommunismus die Welt erobern, diese Vorherrschaft des marxistischen Gedankens wie ein undurchsichtiger Vorhang über den menschlichen Verstand fallen würde. Das könnte auch wahrscheinlich Jahrhunderte dauern; aber dann käme, wie immer, eine Wiedergeburt, eine Renaissance; und der Anfang dieser neuen Befreiung des menschlichen Geistes wäre der Tag, an dem jemand zu behaupten wagte: Karl Marx hat sich doch geirrt.

Der Ausspruch, Aristoteles hat sich geirrt, wurde nicht in Italien geäußert. Aber in Italien hat er sich verbreitet und vertieft und ist zum Weltkulturwert geworden. Auch hier noch einmal Byzanz. In Byzanz hatte man die nicht-aristotelische Philosophie nicht vergessen, im Gegenteil. Und obwohl die Italiener des Mittelalters nicht immer einen besonderen Geschmack für die reine Philosophie gezeigt haben, ist doch zweifellos etwas von dem byzantinischen Neoplatonismus zum Beispiel nach Italien durchgedrungen. Wir wissen eigentlich sehr wenig von den intellektuellen Beziehungen zwischen den verschiedenen Welten in der Vergangenheit. Aber das wenige, was wir wissen, oder das wir in den letzten Jahrzehnten erfahren haben, läßt darauf schließen, daß diese Beziehungen doch tiefer und weiter waren als wir früher angenommen hatten.

Und die arabische Welt. Stolz auf den jetzigen Stand unserer europäischen Errungenschaften, haben wir manchmal vergessen, was einige Jahrhunderte hindurch die arabische Kultur und Zivilisation geleistet haben. Es ist zuweilen amüsant, wenn auch nicht immer schmeichelhaft für uns, zu lesen, wie die arabischen Chronisten die Figur der Kreuzfahrer darstellen: Diese für uns großen und lichten Helden erscheinen uns als grobe, unkultivierte Barbaren: und es war auch so. Vergessen wir nicht zum Beispiel, um nur auf Aristoteles zurückzukommen, daß der primitive Aristotelismus des frühen Mittelalters sich nur zum Neo-Aristotelismus eines Thomas von Aquin hat entwickeln können – und dieser Neo-Aristotelismus war der erste Schritt zur Überwindung des Aristotelismus – weil Westeuropa den echten Aristoteles durch die Araber wieder erlernt hat. Und auch die wissenschaftliche Entwicklung der arabischen Welt: die berühmte Salerno-Schule der Medizin, die der Beginn der Erneuerung der wissenschaftlichen Medizin im Westen gewesen ist, war eigentlich eine arabische Medizin-Schule in lateinischer Sprache. Und um nicht weiter zu gehen, darf man nicht vergessen, daß wir die Bezeichnung Null, die eine wesentliche Rolle für die Entwicklung der reinen Mathematik und der Wissenschaft gespielt hat, erst von den Arabern gelernt haben, die sie ihrerseits von den Indern gelernt hatten.

Dieser tiefere und beständigere Kontakt Italiens mit den byzantinischen und arabischen Welten und Kulturen hat langsam den Boden für die Explosion der Renaissance vorbereitet, die erst Italien zum Zentrum des neuen Kulturlebens Europas gemacht und sich durch Italien über ganz Europa verbreitet hat. Die Kunst Italiens in den Jahrhunderten der Renaissance ist das, was die Welt am besten kennt und in Erinnerung behalten hat. Dann das Wiederaufleben der antiken Kultur, der Humanismus. Der Humanismus hat ohne Zweifel eine große Rolle in der Revolution des europäischen Kulturlebens gespielt, aber nicht nur eine positive Rolle, sondern auch eine negative.

Die lateinische Sprache, und mit der lateinischen Sprache gewisse Elemente der lateinischen Kultur, hat auch durch die dunkelsten Jahrhunderte des Mittelalters weitergelebt. Man hat vielleicht wenig geschrieben und gelesen, aber alles, was man geschrieben und gelesen hat, war Latein. Aber diese Kultur, die sich so dahinschleppte, war ein Überbleibsel der etwas sklerotischen Kultur der späten lateinischen Kaiserzeit. Die klassische Kultur der Blütezeit Roms war nur sehr oberflächlich bekannt, die klassische Kultur Griechenlands fast völlig vergessen – grecae scriptum non legitur – und was noch mehr in Vergessenheit geraten war, war die gesamte philosophische und wissenschaftliche Entwicklung der späthellenistischen Zeit. Das hat alles der Humanismus wieder aufleben lassen: die philosophischen und wissenschaftlichen Intuitionen der antiken Welt, diese riesige Entfaltung des Geistes, die aus bisher unerklärlichen Gründen am Schluß des ersten Jahrhunderts nach Christus ihr Ende gefunden hat. Der Humanismus hat auf seine Weise eine Bindung zwischen dem erwachenden Denken der Europäer, ihrem unersättlichen Erneuerungsbedürfnis, mit dem Gedankengang der Blütezeit des Hellenismus hergestellt. Damit war der Humanismus höchst positiv.

Aber sehr bald artete der Humanismus wie in einen Kult der reinen Form aus. Was wichtig war, war im reinsten lateinischen Stil geschrieben; die Gedanken, die hinter diesen fein gemeißelten Phrasen steckten, waren fast Nebensache. Dieser negative Einfluß des Humanismus hat wahrscheinlich in Italien viel mehr Geltung gehabt als im restlichen Europa. Das Aufblühen der Renaissance bedeutete auch das Ende der politischen Selbständigkeit Italiens. Spanier, Franzosen, Österreicher, haben Italien zu einem Objekt der Weltpolitik gemacht. Dieses jähe Ende des sprühenden politischen Lebens Italiens hatte so etwas wie eine intellektuelle Zuflucht in eine passive Bewunderung der glorreichen Vergangenheit, die Romantik der Antike, zur Folge. Und dies entwickelte eine Tendenz zum rethorischen Formalismus, von dem sich Italien lange Zeit nicht zu befreien vermochte.

Aber Kunst und Humanismus sind nicht allein die italienische Renaissance: ein reges wissenschaftliches Leben begleitet die anderen Kulturerscheinungen: es war der Anfang der modernen wissenschaftlichen Forschung, die uns in einer lückenlosen Kette zu den Erfolgen von heute geführt hat. Eine allgemeine europäische Erscheinung, nicht nur eine italienische: Es gibt Namen in dieser Neugeburt der westlichen Wissenschaft, die man nicht vergessen darf, und die Namen der Italiener stehen dort nicht an letzter Stelle.

Das letzte Geschenk Italiens an das Kulturleben Europas ist der Barock gewesen. Jemand hat, wenn ich mich recht erinnere, den Barock als die künstlerische Erscheinung der Gegenreformation definiert, und gewissermaßen ist das auch wahr. Die Gegenreformation ist nicht an sich das Werk Italiens; die Hauptperson der Gegenreformation war ein Spanier, Ignatius von Loyola. Aber wenn die Gegenreformation als das Werk des gesamten westlichen, europäischen Katholizismus erscheinen kann, ist der Barock, besonders in seiner architektonischen und skulpturellen Form eine rein italienische Schöpfung, die sich dann von Italien aus über das ganze katholische Europa verbreitete, mit Ausnahme – bis zu einem gewissen Punkt – von Frankreich. Der Barock war die letzte große, einheitliche, plastische Gesamterscheinung der europäischen Kultur, die in ihrem stürmischen Drang auch das physische Antlitz des katholischen Europas umwandelte und neu prägte. Namen wie Bernini, Borromini, Palladio gehören zum Allgemeingut Europas: Es ist das letzte Geschenk Italiens an Europa, denn nach dem Barock bricht die Dämmerung über Italiens Kulturleben ein. Italien teilt sich in den Machtsphären der Großmächte Europas auf, besitzt kein inneres politisches Leben mehr, das Mittelmeer ist nicht mehr das ökonomische Zentrum der westlichen Welt; dieses Zentrum verschiebt sich nach dem Atlantik, und Italien bleibt außerhalb der wichtigsten Wege des Weltalls. Der ökonomische Zerfall setzt ein und wird bis zur Hälfte des 18. Jahrhunderts dauern. Italien führt fast ein ganzes Jahrhundert lang ein abgesondertes, verkapseltes Kulturdasein; seine kulturelle Tradition scheint sich nur in einer fast eifersüchtigen Bewahrung des Mythos des römischen Erben zu erschöpfen. Erst um die Hälfte des 18. Jahrhunderts öffnet sich Italien allmählich den Strömungen der europäischen Kultur. Seither hat Italien beständig an der europäischen Kultur mitgewirkt, hat auf verschiedenen Gebieten auch manche große Namen hervorgebracht, aber führend ist es in der europäischen Kultur nicht mehr gewesen.

Warum in einem Land, und gerade in diesem und nicht in einem anderen, sich Kräfte zusammenschließen, die plötzlich eine neue Form der Kultur ins Leben rufen, die zum Gemeingut der Menschheit wird: das wird niemand wirklich erklären können. Aber kann das Wunder sich doch noch in diesem oder jenem europäischen Lande realisieren? Vielleicht, aber vielleicht auch nicht. Das materielle Einschrumpfen der Welt, das in den letzten Jahrzehnten sich so verschärft hat, macht, daß der italienische Raum, ebenso wie der deutsche oder der französische Raum, für die Entwicklung einer selbständigen Kulturform zu klein geworden ist, auch nur für die Entwicklung einer abgesonderten Erscheinung im Rahmen einer großen kulturellen Einheit, der Einheit Europas. Wenn eine Wiedergeburt der Kultur denkbar ist, so ist diese meiner Meinung nach jetzt nur im europäischen Maßstab möglich. Europa als Ganzes ist heutzutage in der Welt was seinerzeit Toskanien oder die Lombardei oder Flandern sein konnten: das trifft politisch zu, das trifft militärisch und machtpolitisch zu, das trifft auch kulturell zu.

Ist es mit Europa aus, wie seinerzeit mit dem klassischen Hellas? Ist der Vergleich von Spengler, daß die Amerikaner die Römer von damals sind, wahr, so daß nur eine Art von Hellenismus oder besser eines späten römischen Hellenismus als letzte Erscheinung der westlichen Kultur möglich ist? Das kann niemand sagen. Glücklicherweise können wir nicht in die Zukunft sehen, weder in unsere persönliche Zukunft noch in die kollektive Zukunft. Aber ich glaube, daß Europa noch eine Rolle in der Geschichte der Kulturwelt spielen könnte: Wenigstens hoffe ich es.

Unsere heutige Welt steht vor schweren, sehr schweren Problemen. Ich will nicht ins Politische hinübergreifen, aber der friedliche Wettbewerb, von dem man so viel spricht und der wahrscheinlich die einzig mögliche Lösung der stets kritischen Beziehungen zwischen Ost und West darstellt, ist etwas, dem wir uns nicht entziehen können. Es ist ein Kampf auf allen Gebieten, auf politischem, ökonomischem, aber auch auf kulturellem Gebiet. Wenn ich von Kultur spreche, meine ich nicht irgendein bestimmtes Kulturgebiet oder Kulturerscheinung. Gewiß, keiner zweifelt, daß Länder wie Frankreich, Deutschland, Italien oder England noch einen guten Maler, einen guten Schriftsteller oder einen guten Komponisten hervorbringen können. Ich spreche von der Kultur in viel weiterem Sinne: Kultur als ein Ganzes, so wie es die großen Epochen der europäischen Kultur der Vergangenheit gewesen sind. Der Wettbewerb zwischen den zwei Welten, der Welt des Kommunismus und der Welt der Demokratie, wird nicht allein auf ökonomischem oder militärischem Gebiet ausgetragen. Im Gegenteil, ich zweifle auch daran, ob diese beiden Gebiete wirklich so entscheidend sind, wie man es annimmt. Wichtig sind sie wohl: denn sollte sich die kommunistische Welt ökonomisch, technisch und militärisch weiterentwickeln, während wir, die westlichen Demokratien, stehenbleiben, so wäre das natürlich das Ende für uns: für einen Staat, für ein Volk, für eine Zivilisation ist das Stehenbleiben immer das Ende. Aber das droht uns noch nicht. Wir stehen manchmal, besonders in letzter Zeit, unter dem Eindruck der atemberaubenden Statistiken der Sowjet-Union und der anderen kommunistischen Staaten. Es mag wohl sein, daß hier und da ihr Entwicklungstempo größer als das unsrige ist – das Entwicklungstempo eines auch relativ unterentwickelten Landes ist immer schneller –, aber das ist noch nicht entscheidend. Die Gefahr liegt meiner Meinung nach woanders. Sie liegt im wachsenden Materialismus unserer Epoche und unserer Welt. Materialismus: man möchte die irdischen Güter auf größter Basis zu seiner Verfügung haben: dieser Wunsch ist so alt wie die Menschheit. Für die westliche Welt ist dieser Traum Wohlstand für alle – wenn ich dieses an sich deutsche politische Schlagwort verallgemeinern darf – im großen und ganzen der Realisierung nie so nahe gewesen wie jetzt. Aber ist das wirklich alles? Liegt das Ziel der Menschheit nur darin, allen Leuten ein Haus, ein Auto, einen Fernsehapparat und immer etwas Besseres zu geben? Ich glaube nicht. Der Mensch lebt nicht von Brot allein, und der Mensch lebt auch nicht vom Wohlstand allein. Wenn wir die lange Geschichte der Menschheit mit etwas philosophischer Distanz betrachten, so sehen wir, daß die Fackel der Kultur immer und nur von einer Elite getragen wurde. Wo keine Elite besteht, gibt es keine Kultur, keine Entwicklung, keine Zukunft. Intellektuelle Elite, ohne Zweifel; dies ist auf allen Kulturgebieten nötig, um das Feuer der Intelligenz lebendig zu halten. Aber sie brauchen auch einen Elitekreis, der sie versteht, der ihnen die Möglichkeit für ruhige Arbeit und zur Entfaltung der Fähigkeiten und der Persönlichkeit gibt.

Ich habe, als ich von Italien sprach, die Renaissance und den Barock erwähnt. Ohne die großen Namen der Künstler dieser zwei Epochen wäre natürlich die Renaissance oder der Barock nicht möglich gewesen. Aber auch ohne die Fürsten oder andere Mäzene, die diesen großen Künstlern ihre Ausdrucksmöglichkeit gegeben haben, wären diese zwei großen Epochen nicht möglich gewesen. Im großen und ganzen ist das Urteil der Geschichte über die kleinen Fürsten Deutschlands und Italiens eher negativ als positiv, und in einem gewissen Sinn vielleicht auch mit Recht. Aber hätten wir ohne diese Fürsten die Schlösser, die Paläste, die Kirchen, die Kunstsammlungen, die noch heute Zierde und Stolz unserer Länder sind? Und dies alles ist auch Bestandteil einer Kulturepoche. Elite ist schöpferische Intelligenz, aber sie ist auch Aufnahmefähigkeit. Diese beiden Elemente sind für die vollkommene Entwicklung einer Kulturepoche unentbehrlich. Heute haben wir leider keine Elite mehr. Wir leben in einer Epoche der Masse, alles ist für die Masse. Wohlstand für alle ist eine Massenerscheinung und eine Massenidee. In diesem rein materialistischen Sinn nähern sich Demokratie und Kommunismus mehr als man denkt und wahrscheinlich auch mehr als zu wünschen wäre. Ist es möglich, die Masse so zu erziehen, daß sie als Ganzes zur Elite wird? An sich kann man nicht sagen, daß es unmöglich ist. Wir haben dafür auch Beispiele in der Vergangenheit. Im Florenz von Lorenzo il Magnifico – dem Prächtigen – oder im Athen des Perikles war gewissermaßen das ganze Volk zu einer Elite geworden. Ein neues Bild von Botticelli oder eine Statue von Phidias war für die ganze Bevölkerung ein Ereignis. Aber ist das im Weltmaßstab möglich? Nicht eine Elite, die sich willkürlich und parasitisch aufzwingt: eine Elite, die ihr Dasein berechtigt, die ihre historische und kulturelle Pflicht erfüllt, und die, als solche, angenommen wird.

Das ist die Alternative, vor der unsere Zivilisation steht. Wenn wir auf der Basis des materiellen Wohlstandes verharren wollen, dann steht unser Wettbewerb mit dem Kommunismus auf sehr schwachen Füßen. Wohl steht heute den kleinen Leuten in den westlichen Demokratien viel mehr zur Verfügung als sich der Sowjetbürger erhoffen kann. Aber wird das immer so sein? Und wenn die Leute dort ebenso viel Autos und Fernsehapparate bekommen, wo bleibt dann der Unterschied? Wir müssen beweisen, daß in unserem Kulturkreis ein besserer Mensch entstehen kann als im totalitären Lager. Gelingt uns das, dann haben wir gewonnen; gelingt es uns nicht, dann ist unsere Zukunft nicht so hellklar.

Ich habe vor kurzem in dem Buch des englischen Generals Glubb Pascha, als Ergebnis seiner Erfahrungen in 25 Jahren unter den Arabern, eine etwas unerwartete Folgerung gefunden, die ich nicht vergessen kann: Wir sprechen – sagt Glubb Pascha – von der Würde der menschlichen Persönlichkeit. Aber woher kommt uns diese Würde? Nur vom Glauben, daß in uns eine Seele lebt, die uns von Gott gegeben ist. Wenn wir nicht daran glauben, wo liegt dann wirklich der Unterschied zwischen einem Menschen und einem Tier, und wie kann man da von der Würde der menschlichen Persönlichkeit sprechen?

Der Kommunismus als Doktrin ist eine echt materialistische Doktrin, und die Kommunisten sind sehr stolz darauf. Sollte der Kommunismus seinen Materialismus verlieren, so wäre er kein Kommunismus mehr. Dieser fast fanatische Glaube an die wissenschaftlichen Grundsätze des dialektischen Materialismus ist das, was der kommunistischen Doktrin ihre eiserne und eiskalte Logik gibt; aber das ist auch die Schwäche des Kommunismus. Die

Erfüllung der primären materialistischen Bedürfnisse mag ein Traum sein für Personen und Völker, die noch in der äußersten Misere leben; aber wenn der jahrhundertelange Hunger gestillt ist, wenn ein bestimmtes Niveau des materialistischen Wohlstandes erreicht ist, was dann? Dann kommt die innere Öde, die Langeweile, die Übersättigung des Wohlstandes. Die Grundsätze unserer westlichen Zivilisation sind nie materialistisch gewesen: Wenn wir uns in der Richtung zum Materialismus entgleiten lassen, wenn wir als hauptsächliche Rechtfertigung unserer demokratischen Gesellschaftsform, unserer Freiheit, behaupten oder auch nur hervorheben, daß sie unseren Völkern ein besseres Wohlstandsniveau sichern kann, dann verleugnen wir so unsere ganze Vergangenheit, die christliche gewiß, aber auch die vorchristliche. Und das tun wir, leider, jeden Tag ein wenig, und jeden Tag ein bißchen mehr. Eine Wiedergeburt des geistigen Lebens, das Geistige über das Materielle stellen, das ist, was uns wirklich die Möglichkeit des Sieges in diesem gefährlichen Wettbewerb geben kann, und nur das allein.

Das ist unsere Aufgabe. Die westliche Kultur kann sich nur retten, wenn sie dieses Problem lösen kann. Es ist nicht nur ein europäisches Problem, es ist ein Problem der ganzen westlichen Welt, ein Problem der ganzen Welt. Für uns stehen die Dinge so: Wie können wir uns vor den Gefahren des bloß materialistischen Wohlstandes verteidigen? Für die anderen, für die unentwickelten Länder, heißt das Problem: Wie verteidigt man sich vor der Gefahr der Materialisierung? Wenn es dem westlichen Geist gelingt, dieses Problem zu lösen, dann ist unsere Kultur noch lebendig, und nicht nur lebendig, sondern auch noch zu neuer Blüte und neuer Entfaltung fähig. Wenn uns das nicht gelingt, dann ist unsere Kultur und unsere Zivilisation nur eine Sache der Vergangenheit. Es mag sein, daß dieses Problem zu erkennen, dieses Problem zu erfüllen, für Europa leichter sein kann, auch bedeutend leichter als für andere Teile der westlichen Welt. Es mag sein, daß es auf dieser Ebene noch Möglichkeiten für Europa gibt, noch etwas zu leisten, was für die ganze westliche Zivilisation noch von entscheidendem Wert sein kann.

Diese ethische und religiöse Wiedergeburt kann nur, wie schon so manchmal in der Vergangenheit, das Werk von einigen wenigen Männern sein, einem Dichter, einem Heiligen, einem Philosophen; wer weiß: jemand, der ein Wort sagen kann, der eine verborgene Saite im Herzen des Menschen erklingen lassen kann. Vielleicht sind diese Männer schon unter uns: vielleicht werden sie erst kommen, wenn wir geistig mehr vorbereitet sind, um auf ihren Ruf zu antworten. Wo werden diese Männer zuerst sprechen? Das können wir nicht wissen. Aber wichtig ist es nicht, wo diese Männer erscheinen werden: wichtig ist, daß ihre Worte und wieviele ihrer Worte im innersten der Seele aufgenommen werden und dadurch die Menschheit zu einem neuen, kollektiven Schwung erhoben wird. Vielleicht kann Italien das Geburtsland einer dieser Männer sein: vielleicht kann das Wort dieser Menschen in Italien einen ersten Widerhall finden.

Kann man in der langen Kulturgeschichte Italiens Charakteristiken finden, die dem italienischen Volke eigen sind? Vielleicht eine gewisse Kapazität der Synthese, fremde Elemente in sich aufzunehmen und zu einem neuen Ganzen umzugestalten. Vielleicht eine größere Fähigkeit, in der Tiefe der Volksseele etwas mehr von der Überlieferung der zahllosen Völker aufzubewahren, die sich in der italienischen Ethnie verschmolzen haben: und diese an sich widerstrebenden Strömungen in ein sich immer erneuerndes unstetes aber doch eher stetiges Gleichgewicht zu halten.

Vielleicht: alle Völker Europas haben ihre eigenen Genies, ihre eigenen Charakteristiken, mehrere Genies in demselben Volke: es ist diese Einheit in der Vielfältigkeit, die immer die eigenartigste Charakteristik der westlichen europäischen Zivilisation gewesen ist. Wenn diese Zivilisation die Möglichkeit und die Fähigkeit zu einer Wiedergeburt in sich hat, wird sie, noch einmal, ihrer Vielfältigkeit bedürfen, um eine mächtige Einheit erreichen zu können.

Nur dies kann die Rolle Italiens, die Kultursendung Italiens sein: ein wichtiger Bestandteil eines mächtigen Ganzen zu sein: so wie die Sendung Frankreichs, so wie die Sendung Deutschlands: europäische, nicht nationale Sendung.

Und etwas darf man nicht vergessen: was unsere europäischen Länder, was unter ihnen Italien, schon geleistet haben, ist ohne Zweifel viel und groß, aber es ist Vergangenheit. Die Möglichkeiten einer Kultur in einem harten Wettbewerb wie der, der uns bevorsteht, bestehen nicht aus dem, was sie schon geleistet hat, sondern aus dem, was sie noch leisten kann. Unsere glorreiche Vergangenheit kann für uns ein mächtiger Stimulus für eine Wiedergeburt sein; aber ohne Wiedergeburt gibt es keine Zukunft.

VERÖFFENTLICHUNGEN
DER ARBEITSGEMEINSCHAFT FÜR FORSCHUNG
DES LANDES NORDRHEIN-WESTFALEN

VERÖFFENTLICHUNGEN
DER ARBEITSGEMEINSCHAFT FÜR FORSCHUNG
DES LANDES NORDRHEIN-WESTFALEN

NATURWISSENSCHAFTEN

Friedrich Seewald, Aachen	Neue Entwicklungen auf dem Gebiet der Antriebsmaschinen
Friedrich A. F. Schmidt, Aachen	Technischer Stand und Zukunftsaussichten der Verbrennungsmaschinen, insbesondere der Gasturbinen
Rudolf Friedrich, Mülheim (Ruhr)	Möglichkeiten und Voraussetzungen der industriellen Verwertung der Gasturbine
Wolfgang Riezler, Bonn	Probleme der Kernphysik
Fritz Micheel, Münster	Isotope als Forschungsmittel in der Chemie und Biochemie
Emil Lehnartz, Münster	Der Chemismus der Muskelmaschine
Gunther Lehmann, Dortmund	Physiologische Forschung als Voraussetzung der Bestgestaltung der menschlichen Arbeit
Heinrich Kraut, Dortmund	Ernährung und Leistungsfähigkeit
Franz Wever, Düsseldorf	Aufgaben der Eisenforschung
Hermann Schenck, Aachen	Entwicklungslinien des deutschen Eisenhüttenwesens
Max Haas, Aachen	Die wirtschaftliche und technische Bedeutung der Leichtmetalle und ihre Entwicklungsmöglichkeiten
Walter Kikuth Düsseldorf	Virusforschung
Rolf Danneel, Bonn	Fortschritte der Krebsforschung
Werner Schulemann, Bonn	Wirtschaftliche und organisatorische Gesichtspunkte für die Verbesserung unserer Hochschulforschung
Walter Weizel, Bonn	Die gegenwärtige Situation der Grundlagenforschung in der Physik
Siegfried Strugger, Münster	Das Duplikantenproblem in der Biologie
Fritz Gummert, Essen	Überlegungen zu den Faktoren Raum und Zeit im biologischen Geschehen und Möglichkeiten einer Nutzanwendung
August Götte, Aachen	Steinkohle als Rohstoff und Energiequelle
Karl Ziegler, Mülheim (Ruhr)	Über Arbeiten des Max-Planck-Institutes für Kohlenforschung
Wilhelm Fucks, Aachen	Die Naturwissenschaft, die Technik und der Mensch
Walther Hoffmann, Münster	Wirtschaftliche und soziologische Probleme des technischen Fortschritts
Franz Bollenrath, Aachen	Zur Entwicklung warmfester Werkstoffe
Heinrich Kaiser, Dortmund	Stand spektralanalytischer Prüfverfahren und Folgerung für deutsche Verhältnisse
Hans Braun, Bonn	Möglichkeiten und Grenzen der Resistenzzüchtung
Carl Heinrich Dencker, Bonn	Der Weg der Landwirtschaft von der Energieautarkie zur Fremdenergie
Herwart Opitz, Aachen	Entwicklungslinien der Fertigungstechnik in der Metallbearbeitung
Karl Krekeler, Aachen	Stand und Aussichten der schweißtechnischen Fertigungsverfahren
Hermann Rathert, Wuppertal-Elberfeld	Entwicklung auf dem Gebiet der Chemiefaser-Herstellung
Wilhelm Weltzien, Krefeld	Rohstoff und Veredelung in der Textilwirtschaft
Karl Herz, Frankfurt a. M.	Die technischen Entwicklungstendenzen im elektrischen Nachrichtenwesen
Leo Brandt, Düsseldorf	Navigation und Luftsicherung
Burckhardt Helferich, Bonn	Stand der Enzymchemie und ihre Bedeutung
Hugo Wilhelm Knipping, Köln	Ausschnitt aus der klinischen Carcinomforschung am Beispiel des Lungenkrebses
Abraham Esau †, Aachen	Ortung mit elektrischen und Ultraschallwellen in Technik und Natur
Eugen Flegler, Aachen	Die ferromagnetischen Werkstoffe der Elektrotechnik und ihre neueste Entwicklung
Rudolf Seyffert, Köln	Die Problematik der Distribution
Theodor Beste, Köln	Der Leistungslohn
Friedrich Seewald, Aachen	Die Flugtechnik und ihre Bedeutung für den allgemeinen technischen Fortschritt

Edouard Houdremont †, Essen	Art und Organisation der Forschung in einem Industriekonzern
Werner Schulemann, Bonn	Theorie und Praxis pharmakologischer Forschung
Wilhelm Groth, Bonn	Technische Verfahren zur Isotopentrennung
Kurt Traenckner †, Essen	Entwicklungstendenzen der Gaserzeugung
M. Zvegintzov, London	Wissenschaftliche Forschung und die Auswertung ihrer Ergebnisse Ziel und Tätigkeit der National Research Development Corporation
Alexander King, London	Wissenschaft und internationale Beziehungen
Robert Schwarz, Aachen	Wesen und Bedeutung der Siliciumchemie
Kurt Alder †, Köln	Fortschritte in der Synthese der Kohlenstoffverbindungen
Otto Hahn, Göttingen	Die Bedeutung der Grundlagenforschung für die Wirtschaft
Siegfried Strugger, Münster	Die Erforschung des Wasser- und Nährsalztransportes im Pflanzenkörper mit Hilfe der fluoreszenzmikroskopischen Kinematographie
Johannes von Allesch, Göttingen	Die Bedeutung der Psychologie im öffentlichen Leben
Otto Graf, Dortmund	Triebfedern menschlicher Leistung
Bruno Kuske, Köln	Zur Problematik der wirtschaftswissenschaftlichen Raumforschung
Stephan Prager, Düsseldorf	Städtebau und Landesplanung
Rolf Danneel, Bonn	Über die Wirkungsweise der Erbfaktoren
Kurt Herzog, Krefeld	Der Bewegungsbedarf der menschlichen Gliedmaßengelenke bei der Arbeit
Otto Haxel, Heidelberg	Energiegewinnung aus Kernprozessen
Max Wolf, Düsseldorf	Gegenwartsprobleme der energiewirtschaftlichen Forschung
Friedrich Becker, Bonn	Ultrakurzwellenstrahlung aus dem Weltraum
Hans Straßl, Bonn	Bemerkenswerte Doppelsterne und das Problem der Sternentwicklung
Heinrich Behnke, Münster	Der Strukturwandel der Mathematik in der ersten Hälfte des 20. Jahrhunderts
Emanuel Sperner, Hamburg	Eine mathematische Analyse der Luftdruckverteilungen in großen Gebieten
Oskar Niemczyk, Aachen	Die Problematik gebirgsmechanischer Vorgänge im Steinkohlenbergbau
Wilhelm Ahrens, Krefeld	Die Bedeutung geologischer Forschung für die Wirtschaft, besonders in Nordrhein-Westfalen
Bernhard Rensch, Münster	Das Problem der Residuen bei Lernvorgängen
Hermann Fink, Köln	Über Leberschäden bei der Bestimmung des biologischen Wertes verschiedener Eiweiße von Mikroorganismen
Friedrich Seewald, Aachen	Forschungen auf dem Gebiete der Aerodynamik
Karl Leist, Aachen	Einige Forschungsarbeiten aus der Gasturbinentechnik
Fritz Mietzsch †, Wuppertal	Chemie und wirtschaftliche Bedeutung der Sulfonamide
Gerhard Domagk, Wuppertal	Die experimentellen Grundlagen der bakteriellen Infektionen
Hans Braun, Bonn	Die Verschleppung von Pflanzenkrankheiten und Schädlingen über die Welt
Wilhelm Rudorf, Voldagsen	Der Beitrag von Genetik und Züchtung zur Bekämpfung von Viruskrankheiten der Nutzpflanzen
Volker Aschoff, Aachen	Probleme der elektroakustischen Einkanalübertragung
Herbert Döring, Aachen	Die Erzeugung und Verstärkung von Mikrowellen
Rudolf Schenck, Aachen	Bedingungen und Gang der Kohlenhydratsynthese im Licht
Emil Lehnartz, Münster	Die Endstufen des Stoffabbaues im Organismus
Wilhelm Fucks, Aachen	Mathematische Analyse von Sprachelementen, Sprachstil und Sprachen
Hermann Schenck, Aachen	Gegenwartsprobleme der Eisenindustrie in Deutschland
Eugen Piwowarsky †, Aachen	Gelöste und ungelöste Probleme im Gießereiwesen
Wolfgang Riezler, Bonn	Teilchenbeschleuniger
Gerhard Schubert, Hamburg	Anwendung neuer Strahlenquellen in der Krebstherapie
Franz Lotze, Münster	Probleme der Gebirgsbildung
Colin Cherry, London	Kybernetik. Die Beziehung zwischen Mensch und Maschine
Erich Pietsch, Clausthal-Zellerfeld	Dokumentation und mechanisches Gedächtnis — zur Frage der Ökonomie der geistigen Arbeit
Heinz Haase, Hamburg	Infrarot und seine technischen Anwendungen
Abraham Esau †, Aachen	Der Ultraschall und seine technischen Anwendungen
Fritz Lange, Bochum-Hordel	Die wirtschaftliche und soziale Bedeutung der Silikose im Bergbau
Walter Kikuth und	
Werner Schliepköter, Düsseldorf	Die Entstehung der Silikose und ihre Verhütungsmaßnahmen
Eberhard Gross, Bonn	Berufskrebs und Krebsforschung
Hugo Wilhelm Knipping, Köln	Die Situation der Krebsforschung vom Standpunkt der Klinik

Gustav-Victor Lachmann, London	An einer neuen Entwicklungsschwelle im Flugzeugbau
A. Gerber Zürich-Oerlikon	Stand der Entwicklung der Raketen- und Lenktechnik
Theodor Kraus, Köln	Über Lokalisationsphänomene und Ordnungen im Raume
Fritz Gummert, Essen	Vom Ernährungsversuchsfeld der Kohlenstoffbiologischen Forschungsstation Essen
Gerhard Domagk, Wuppertal	Fortschritte auf dem Gebiet der experimentellen Krebsforschung
Giovanni Lampariello, Rom	Das Leben und das Werk von Heinrich Hertz
Walter Weizel, Bonn	Das Problem der Kausalität in der Physik
José Mª Albareda, Madrid	Die Entwicklung der Forschung in Spanien
Burckhardt Helferich, Bonn	Über Glykoside
Fritz Micheel, Münster	Kohlenhydrat-Eiweißverbindungen und ihre biochemische Bedeutung
John von Neumann †, Princeton, USA	Entwicklung und Ausnutzung neuerer mathematischer Maschinen
Eduard Stiefel, Zürich	Rechenautomaten im Dienste der Technik
Wilhelm Weltzien, Krefeld	Ausblick auf die Entwicklung synthetischer Fasern
Walther Hoffmann, Münster	Wachstumsprobleme der Wirtschaft
Leo Brandt, Düsseldorf	Die praktische Förderung der Forschung in Nordrhein-Westfalen
Ludwig Raiser, Bad Godesberg	Die Förderung der angewandten Forschung durch die Deutsche Forschungsgemeinschaft
Hermann Tromp, Rom	Die Bestandsaufnahme der Wälder der Welt als internationale und wissenschaftliche Aufgabe
Franz Heske, Schloß Reinbek	Die Wohlfahrtswirkungen des Waldes als internationales Problem
Günther Böhnecke, Hamburg	Zeitfragen der Ozeanographie
Heinz Gabler, Hamburg	Nautische Technik und Schiffssicherheit
Fritz A. F. Schmidt, Aachen	Probleme der Selbstzündung und Verbrennung bei der Entwicklung der Hochleistungskraftmaschinen
August-Wilhelm Quick, Aachen	Ein Verfahren zur Untersuchung des Austauschvorganges in verwirbelten Strömungen hinter Körpern mit abgelöster Strömung
Johannes Pätzold, Erlangen	Therapeutische Anwendung mechanischer und elektrischer Energie
F. A. W. Patmore, London	Der Air Registration Board und seine Aufgaben im Dienst der britischen Flugzeugindustrie
A. D. Young, London	Gestaltung der Lehrtätigkeit in der Luftfahrttechnik in Großbritannien
D. C. Martin, London	Geschichte und Organisation der Royal Society
A. J. A. Roux, Südafrika	Probleme der wissenschaftlichen Forschung in der Südafrikanischen Union
Georg Schnadel, Hamburg	Forschungsaufgaben zur Untersuchung der Festigkeitsprobleme im Schiffsbau
Wilhelm Sturtzel, Duisburg	Forschungsaufgaben zur Untersuchung der Widerstandsprobleme im See- und Binnenschiffbau
Giovanni Lampariello, Rom	Von Galilei zu Einstein
Walter Dieminger, Lindau/Harz	Ionosphäre und drahtloser Weitverkehr
Sir John Cockcroft, London	Die friedliche Anwendung der Atomenergie
Fritz Schultz-Grunow, Aachen	Das Kriechen und Fließen hochzäher und plastischer Stoffe
Hans Ebner, Aachen	Wege und Ziele der Festigkeitsforschung, besonders im Hinblick auf den Leichtbau
Ernst Derra, Düsseldorf	Der Entwicklungsstand der Herzchirurgie
Gunther Lehmann, Dortmund	Muskelarbeit und Muskelermüdung in Theorie und Praxis
Theodor von Kármán, Pasadena	Freiheit und Organisation in der Luftfahrtforschung
Leo Brandt, Düsseldorf	Bericht über den Wiederbeginn deutscher Luftfahrtforschung
Fritz Schröter, Ulm	Neue Forschungs- und Entwicklungsrichtungen im Fernsehen
Albert Narath, Berlin	Der gegenwärtige Stand der Filmtechnik
Richard Courant, New York	Die Bedeutung der modernen mathematischen Rechenmaschinen für mathematische Probleme der Hydrodynamik und Reaktortechnik
Ernst Peschl, Bonn	Die Rolle der komplexen Zahlen in der Mathematik und die Bedeutung der komplexen Analysis
Wolfgang Flaig, Braunschweig	Zur Grundlagenforschung auf dem Gebiet des Humus und der Bodenfruchtbarkeit
Eduard Mückenhausen, Bonn	Typologische Bodenentwicklung und Bodenfruchtbarkeit
Walter Georgii, München	Aerophysikalische Flugforschung

Klaus Oswatitsch, Aachen	Gelöste und ungelöste Probleme der Gasdynamik
A. Butenandt, Tübingen	Über die Analyse der Erbfaktorenwirkung und ihre Bedeutung für biochemische Fragestellungen
J. Straub, Köln	Quantitative Genwirkung bei Polyploiden
Oskar Morgenstern, Princeton, USA	Der theoretische Unterbau der Wirtschaftspolitik
Bernhard Rensch, Münster	Die stammesgeschichtliche Sonderstellung des Menschen
Wilhelm Tönnis, Köln	Die neuzeitliche Behandlung frischer Schädelhirnverletzungen
Siegfried Strugger, Münster	Die elektronenmikroskopische Darstellung der Feinstruktur des Protoplasmas mit Hilfe der Uranylmethode und die zukünftige Bedeutung für die Erforschung der Strahlenwirkung
Wilhelm Fucks, Aachen	Bildliche Darstellung der Verteilung und der Bewegung von radioaktiven Substanzen im Raum, insbesondere von biologischen Objekten (Physikalischer Teil)
Hugo Wilhelm Knipping und Erich Liese, Köln	Bildgebung von Radioisotopenelementen im Raum bei bewegten Objekten (Herz, Lungen etc.) (Medizinischer Teil)
Friedrich Paneth †, Mainz	Die Bedeutung der Isotopenforschung für geochemische und kosmochemische Probleme
J. Hans D. Jensen und H. A. Weidenmüller, Heidelberg	Die Nichterhaltung der Parität
Francis Perrin, Paris	Die Verwendung der Atomenergie für industrielle Zwecke
Hans Lorenz, Berlin	Forschungsergebnisse auf dem Gebiete der Bodenmechanik als Wegbereiter für Gründungsverfahren
Georg Garbotz, Aachen	Die Bedeutung der Baumaschinen- und Baubetriebsforschung für die Praxis
Maurice Roy, Chatillon	Luftfahrtforschung in Frankreich und ihre Perspektiven im Rahmen Europas
Alexander Naumann, Aachen	Methoden und Ergebnisse der Windkanalforschung
Sir Harry Melville, K.C.B., F.R.S., London	Die Anwendung von radioaktiven Isotopen und hoher Energiestrahlung in der polymeren Chemie
Eduard Justi, Braunschweig	Elektrothermische Kühlung und Heizung. Grundlagen und Möglichkeiten
Richard Vieweg, Braunschweig	Maß und Messen in Geschichte und Gegenwart
Fritz Baade, Kiel	Gesamtdeutschland und die Integration Europas
Günther Schmölders, Köln	Ökonomische Verhaltensforschung
Rudolf Wille, Berlin	Modellvorstellungen zur Behandlung des Übergangs laminar — turbulent, hergeleitet aus Versuchen an Freistrahlen und Flachwasserströmungen
Josef Meixner, Aachen	Neuere Entwicklung der Thermodynamik
A. Gustafsson, Diter von Wettstein und Lars Ehrenberg, Stockholm	Mutationsforschung und Züchtung
Josef Straub, Köln	Mutationsauslösung durch ionisierende Strahlung
Martin Kersten, Aachen	Neuere Versuche zur physikalischen Deutung technischer Magnetisierungsvorgänge
Günther Leibfried, Aachen	Zur Theorie idealer Kristalle
W. Klemm, Münster	Neue Wertigkeitsstufen bei den Übergangselementen
H. Zahn, Aachen	Die Wollforschung in Chemie und Physik von heute
Henri Cartan, Paris	Nicolas Bourbaki und die heutige Mathematik
Harald Cramér, Stockholm	Aus der neueren mathematischen Wahrscheinlichkeitslehre
Georg Melchers, Tübingen	Die Bedeutung der Virusforschung für die moderne Genetik
Alfred Kühn, Tübingen	Über die Wirkungsweise von Erbfaktoren
Fréderic Ludwig, Paris	Experimentelle Studien über die Distanzeffekte in bestrahlten vielzelligen Organismen
A. H. W. Aten jr., Amsterdam	Die Anwendung radioaktiver Isotope in der chemischen Forschung
Hans Herloff Inhoffen, Braunschweig	Chemische Übergänge von Gallensäuren in cancerogene Stoffe und ihre möglichen Beziehungen zum Krebsproblem
Rolf Danneel, Bonn	Entstehung, Funktion und Feinbau der Mitochondrien
Max Born, Bad Pyrmont	Der Realitätsbegriff in der Physik
Joachim Wüstenberg	Der gegenwärtige ärztliche Standpunkt zum Problem der Beeinflussung der Gesundheit durch Luftverunreinigungen
Paul Schmidt, München	Periodisch wiederholte Zündungen durch Stoßwellen

Walter Kikuth, Düsseldorf	Die Infektionskrankheiten im Spiegel historischer und neuzeitlicher Betrachtungen
R. Jung, Aachen	Die geodätische Erschließung Kanadas mit Hilfe der elektronischen Entfernungsmessung
H. E. Schwiete, Aachen	Ein zweites Steinzeitalter? — Gesteinshüttenkunde früher und heute
Horst Rothe, Karlsruhe	Der Molekular-Verstärker und seine Anwendung
Roland Lindner, Göteborg	Atomkernforschung und Chemie, aktuelle Probleme
Paul Denzel, Aachen	Technische Probleme der Energieumwandlung und -fortleitung
J. Capelle	Der Stand der Ingenieurausbildung in Frankreich
Friedrich Panse, Düsseldorf	Klinische Psychologie, ein psychiatrisches Bedürfnis
Heinrich Kraut, Dortmund	Die Deckung des Bedarfs an Vitaminen und Mineralstoffen in der Bundesrepublik
Max Haas, Aachen	Neuzeitliche Erkenntnisse aus der Geschichte der Leichtmetalle
Wilhelm Bischof, Dortmund	Materialprüfung — Praxis und Wissenschaft

VERÖFFENTLICHUNGEN
DER ARBEITSGEMEINSCHAFT FÜR FORSCHUNG
DES LANDES NORDRHEIN-WESTFALEN

GEISTESWISSENSCHAFTEN

Werner Richter, Bonn	Von der Bedeutung der Geisteswissenschaften für die Bildung unserer Zeit
Joachim Ritter, Münster	Die Lehre vom Ursprung und Sinn der Theorie bei Aristoteles
Josef Kroll, Köln	Elysium
Günther Jachmann, Köln	Die vierte Ekloge Vergils
Hans Erich Stier, Münster	Die klassische Demokratie
Werner Caskel, Köln	Lihyan und Lihyanisch. Sprache und Kultur eines früharabischen Königreiches
Thomas Ohm, Münster	Stammesreligionen im südlichen Tanganyika-Territorium
Georg Schreiber, Münster	Deutsche Wissenschaftspolitik von Bismarck bis zum Atomwissenschaftler Otto Hahn
Walter Holtzmann, Bonn	Das mittelalterliche Imperium und die werdenden Nationen
Werner Caskel, Köln	Die Bedeutung der Beduinen in der Geschichte der Araber
Georg Schreiber, Münster	Irland im deutschen und abendländischen Sakralraum
Peter Rassow, Köln	Forschungen zur Reichs-Idee im 16. und 17. Jahrhundert
Hans Erich Stier, Münster	Roms Aufstieg zur Weltmacht und die griechische Welt
Karl Heinrich Rengstorf, Münster	Mann und Frau im Urchristentum
Hermann Conrad, Bonn	Grundprobleme einer Reform des Familienrechtes
Max Braubach, Bonn	Der Weg zum 20. Juli 1944 — Ein Forschungsbericht
Paul Hübinger, Münster	Das deutsch-französische Verhältnis und seine mittelalterlichen Grundlagen
Franz Steinbach, Bonn	Der geschichtliche Weg des wirtschaftenden Menschen in die soziale Freiheit und politische Verantwortung
Josef Koch, Köln	Die Ars coniecturalis des Nikolaus von Kues
James B. Conant, USA	Staatsbürger und Wissenschaftler
Karl Heinrich Rengstorf, Münster	Antike und Christentum
Richard Alewyn, Köln	Klopstocks Publikum
Fritz Schalk, Köln	Das Lächerliche in der französischen Literatur des Ancien Régime
Ludwig Raiser, Bad Godesberg	Rechtsfragen der Mitbestimmung
Martin Noth, Bonn	Das Geschichtsverständnis der alttestamentlichen Apokalyptik
Walter F. Schirmer, Bonn	Glück und Ende der Könige in Shakespeares Historien
Theodor Klauser, Bonn	Die römische Petrustradition im Lichte der neuen Ausgrabungen unter der Peterskirche
Hans Peters, Köln	Die Gewaltentrennung in moderner Sicht
Fritz Schalk, Köln	Calderon und die Mythologie
Josef Kroll, Köln	Vom Leben geflügelter Worte
Thomas Ohm, Münster	Die Religionen in Asien
Johann Leo Weisgerber, Bonn	Die Ordnung der Sprache im persönlichen und öffentlichen Leben
Werner Caskel, Köln	Entdeckungen in Arabien
Max Braubach, Bonn	Landesgeschichtliche Bestrebungen und historische Vereine im Rheinland
Fritz Schalk, Köln	Somnium und verwandte Wörter in den romanischen Sprachen
Friedrich Dessauer, Frankfurt a. M.	Reflexionen über Erbe und Zukunft des Abendlandes
Thomas Ohm, Münster	Ruhe und Frömmigkeit
Hermann Conrad, Bonn	Die mittelalterliche Besiedlung des deutschen Ostens und das Deutsche Recht
Hans Sckommodau, Köln	Die religiösen Dichtungen Margaretes von Navarra
Herbert von Einem, Bonn	Der Mainzer Kopf mit der Binde
Joseph Höffner, Münster	Statik und Dynamik in der scholastischen Wirtschaftsethik
Fritz Schalk, Köln	Diderots Essai über Claudius und Nero
Gerhard Kegel Köln	Probleme des internationalen Enteignungs- und Währungsrechts
Johann Leo Weisgerber Bonn	Die Grenzen der Schrift — Der Kern der Rechtschreibereform
Richard Alewyn Köln	Von der Empfindsamkeit der Romantik

Theodor Schieder, Köln	Die Probleme des Rapallo-Vertrages. Eine Studie über die deutsch-russischen Beziehungen 1922—1926
Andreas Rumpf, Köln	Stilphasen der spätantiken Kunst
Ulrich Luck, Münster	Kerygma und Tradition in der Hermeneutik Adolf Schlatters
Walther Holtzmann, Rom	Das Deutsche historische Institut in Rom
Graf Wolff Metternich, Rom	Die Bibliotheca Hertziana und der Palazzo Zuccari zu Rom
Harry Westermann, Münster	Person und Persönlichkeit als Wert im Zivilrecht
Johann Leo Weisgerber, Bonn	Die Namen der Ubier
Friedrich Karl Schumann, Münster	Mythos und Technik
Karl Heinrich Rengstorf, Münster	Die Anfänge des Diakonats
Georg Schreiber, Münster	Der Bergbau in Geschichte, Ethos und Sakralkultur
Hans J. Wolff, Münster	Die Rechtsgestalt der Universität
Heinrich Vogt, Bonn	Schadenersatzprobleme im Verhältnis von Haftungsgrund und Schaden
Max Braubach, Bonn	Der Einmarsch deutscher Truppen in die entmilitarisierte Zone am Rhein im März 1936. Ein Beitrag zur Vorgeschichte des zweiten Weltkrieges
Herbert von Einem, Bonn	Die „Menschwerdung Christi" des Isenheimer Altares
Ernst Joseph Cohn, London	Der englische Gerichtstag
Albert Woopen, Aachen	Die Zivilehe und der Grundsatz der Unauflöslichkeit der Ehe in der Entwicklung des italienischen Zivilrechts
Karl Kerényi, Ascona	Die Herkunft der Dionysosreligion nach dem heutigen Stand der Forschung
Herbert Jankuhn, Kiel	Die Ausgrabungen in Haithabu und ihre Bedeutung für die Handelsgeschichte des frühen Mittelalters
Stephan Skalweit, Bonn	Edmund Burke und Frankreich
Ulrich Scheuner, Bonn	Die Neutralität im heutigen Völkerrecht
Anton Moortgat, Berlin	Archäologische Forschungen der Max-Freiherr-von-Oppenheim-Stiftung im nördlichen Mesopotamien 1955
Joachim Ritter, Münster	Hegel und die französische Revolution
Hermann Conrad und Carl Arnold Willemsen, Bonn	Die Konstitutionen von Melfi Friedrichs II. von Hohenstaufen (1231)
Georg Schreiber, Münster	Der Islam und das christliche Abendland
Werner Conze, Münster	Die Strukturgeschichte des technisch-industriellen Zeitalters als Aufgabe für Forschung und Unterricht
Gerhard Hess, Heidelberg	Zur Entstehung der „Maximen" La Rochefoucaulds
Fritz Schalk, Köln	Poetica de Aristoteles traducia de latin. Illustrada y commentado por Juan Pablo Martiz Rizo (Erste kritische Ausgabe des spanischen Textes)
Ernst Langlotz, Bonn	Perseus, Dokumentation der Wiedergewinnung eines Meisterwerkes der griechischen Plastik
Geo Widengren, Uppsala	Iranisch-semitische Kulturbegegnung in parthischer Zeit
Josef M. Wintrich, Karlsruhe	Zur Problematik der Grundrechte
Josef Pieper, Essen	Über den Begriff der Tradition
Walter F. Schirmer, Bonn	Die frühen Darstellungen des Arthurstoffes
William Lloyd Prosser, Berkeley	Kausalzusammenhang und Fahrlässigkeit
Johann Leo Weisgerber, Bonn	Verschiebung in der sprachlichen Einschätzung von Menschen und Sachen
Walter H. Bruford, Cambridge	Fürstin Gallitzin und Goethe. Das Selbstvervollkommnungsideal und seine Grenze
Hermann Conrad, Bonn	Die geistigen Grundlagen des Allgemeinen Landrechts für die preußischen Staaten von 1794
Herbert von Einem, Bonn	Asmus Jacob Carstens, Die Nacht mit ihren Kindern
Paul Gieseke, Bad Godesberg	Eigentum und Grundwasser
Werner Richter, Bonn	Wissenschaft und Geist in der Weimarer Republik
Johann Leo Weisgerber, Bonn	Sprachenrecht und europäische Einheit
Otto Kirchheimer, New York	Gegenwartsprobleme der Asylgewährung
Alexander Knur, Bad Godesberg	Probleme der Zugewinngemeinschaft
Helmut Coing, Frankfurt a. M.	Die juristischen Auslegungsmethoden und die Lehren der allgemeinen Hermeneutik
André George, Paris	Der Humanismus und die Krise der Welt von heute
Harald von Petrikovits, Bonn	Das römische Rheinland. Archäologische Forschungen seit 1945

VERÖFFENTLICHUNGEN
DER ARBEITSGEMEINSCHAFT FÜR FORSCHUNG
DES LANDES NORDRHEIN-WESTFALEN

WISSENSCHAFTLICHE ABHANDLUNGEN

Wolfgang Priester, H.-G. Bennewitz und P. Lengrüßer, Bonn	Radiobeobachtungen des ersten künstlichen Erdsatelliten
Leo Weisgerber, Bonn	Verschiebung in der sprachlichen Einschätzung von Menschen und Sachen
Erich Meuthen, Marburg	Die letzten Jahre des Nikolaus von Kues
Hans Georg Kirchhoff, Rommerskirchen	Die staatliche Sozialpolitik im Ruhrbergbau 1871—1914
Günther Jachmann, Köln	Der homerische Schiffskatalog und die Ilias
Peter Hartmann, Münster	Das Wort als Name
Anton Moortgat, Berlin	Archäologische Forschungen der Max-Freiherr-von-Oppenheim-Stiftung im nördlichen Mesopotamien 1956
Wolfgang Priester und Gerhard Hergenhahn, Bonn	Bahnbestimmungen von Erdsatelliten aus Doppler-Effekt-Messungen
Harry Westermann, Münster	Welche gesetzlichen Maßnahmen zur Luftreinhaltung und zur Verbesserung des Nachbarrechts sind erforderlich?
Hermann Conrad und Gerd Kleinheyer, Bonn	Carl Gottlieb Svarez 1746—1796. Vorträge über Recht und Staat
Georg Schreiber, Münster	Die Wochentage im Erlebnis der Ostkirche und des christlichen Abendlandes
Günter Bandmann, Bonn	Melancholie und Musik
W. Goerdt, Münster	Fragen der Philosophie. Ein Materialbeitrag zur Erforschung der Sowjetphilosophie im Spiegel der Zeitschrift „Voprosy Filosofii" 1947—1956

SONDERHEFTE

Josef Pieper, Münster	Über den Philosophie-Begriff Platons
Walter Weizel, Bonn	Die Mathematik und die physikalische Realität
Gunther Lehmann, Dortmund	Arbeit bei hohen Temperaturen
Hans Kauffmann, Köln	Italienische Frührenaissance
—	18 neue Forschungsstellen im Land Nordrhein-Westfalen
—	Wissenschaft in Not

GPSR Compliance

The European Union's (EU) General Product Safety Regulation (GPSR) is a set of rules that requires consumer products to be safe and our obligations to ensure this.

If you have any concerns about our products, you can contact us on

ProductSafety@springernature.com

In case Publisher is established outside the EU, the EU authorized representative is:

Springer Nature Customer Service Center GmbH
Europaplatz 3
69115 Heidelberg, Germany

www.ingramcontent.com/pod-product-compliance
Ingram Content Group UK Ltd.
Pitfield, Milton Keynes, MK11 3LW, UK
UKHW051659240426
12048UKWH00039B/1429